物理
原来如此

[日] 川村康文 著

马闻杰 译

中国青年出版社

图书在版编目（CIP）数据

物理原来如此 / （日）川村康文著；马闻杰译. — 北京：中国青年出版社，2023.5（2024.11重印）
ISBN 978-7-5153-6804-7

I.①物… II.①川… ②马… III.①物理学—普及读物 IV.①O4-49

中国版本图书馆CIP数据核字（2022）第197613号

版权登记号：01-2022-2842

侵权举报电话

全国"扫黄打非"工作小组办公室　　　中国青年出版社
010-65212870　　　　　　　　　　　010-59231565
http://www.shdf.gov.cn　　　　　　　E-mail: editor@cypmedia.com

物理原来如此

著　　者： [日] 川村康文
译　　者： 马闻杰

编辑制作： 北京中青雄狮数码传媒科技有限公司
项目统筹： 粉色猫斯拉-王颖
责任编辑： 郑国和
策划编辑： 刘然
执行编辑： 熊伟
营销编辑： 严思思　杨钰婷
封面制作： 刘颖
出版发行： 中国青年出版社
社　　址： 北京市东城区东四十二条21号
网　　址： www.cyp.com.cn
电　　话： 010-59231565
传　　真： 010- 59231381

印　　刷： 北京永诚印刷有限公司
规　　格： 787mm×1092mm　1/20
印　　张： 8
字　　数： 109千字
版　　次： 2023年5月北京第1版
印　　次： 2024年11月第4次印刷
书　　号： ISBN 978-7-5153-6804-7
定　　价： 78.00元

如有印装质量问题，请与本社联系调换
电话：010-59231565
读者来信：reader@cypmedia.com
投稿邮箱：author@cypmedia.com

爱上物理学！

说起来，物理可能位列人们不擅长的科目之首，但我依然希望大家能喜欢物理。在本书中，读者们将在物理学校中不同角色的带领下，走进一个充满魅力的物理世界。想要把物理学作为一门学问来研究的人，或许会产生这样的疑问：什么呀，这个世界？但一听到物理学就退缩的人却会豁然开朗——啊，原来物理是这样的！

首先，看看书中可爱的角色们，再看看有趣的漫画……如果你觉得有兴趣，请继续翻开书页读下去。

本书将打破物理学以往的固有形象，为读者们开启一个崭新的物理世界。

做任何事情都一样，对难以理解的问题，最简单的解决方式便是丰富其形象。所以，你要是感觉"物理很难理解"的时候，请立刻呼叫书里的角色，和这些个性鲜明、活泼可爱的角色一起阅读这本书。这样一来，原本晦涩乏味的物理学形象就会以一种更生动逼真的姿态出现在眼前。

本书还涉及一些前沿科技内容。大家经常使用的智能手机和电视，都应用了尖端科技，这些技术都是在物理学的支撑下实现的。通过学习物理，我们一直以来很好奇却又不知道答案的一些问题便可迎刃而解。书中文字通俗易懂，但有些知识也有一定的挑战性，能够激发读者思维，促进大脑思考。

无论你是在路上还是睡前躺在床上，都可以翻开本书看一看。因为这本书可以让那些觉得"力学和欧姆定律什么的，完全没有意义"的人，那些觉得"学习物理让我备受挫折"的人，那些不喜欢物理学、不擅长学习物理的人，也能够一下子进入物理的世界。

希望读者们可以由物理学界的三大巨人——伽利略、牛顿、爱因斯坦引领着，与书中角色们一同，在日常生活中好好领略物理学的魅力。作为本书的作者，我希望过去被认为是无趣无味的物理学，可以在大家的印象中转变为一个有声有色的五彩世界。

川村康文

目录
CONTENTS

第4部分　电·磁 ·························· 80

第5部分　物理与最新科学技术 ···························· 106

本书的阅读和使用方法

本书有多个简单明了地讲解物理理论的角色登场。

下面以其中一个角色为例做简单介绍。

故事发生的舞台是物理学校。书中每个部分的班级和社团活动都不一样，此处说明其特征。

分为力·速度、热、波、电·磁、物理与最新科学技术、时间与宇宙6个部分。

本书采用拟人化的表现方式来解说各个部分，简单明了、细致入微地说明理论。

为了使漫画更加通俗易懂、读者阅读起来更加愉快，本书在每个部分的登场人物所起的作用和给人留下的印象两个方面下足了功夫。

欢迎来到
角色个个精彩的
物理世界

小猫

川村老师

川村老师，你好！听说今天老师会带我们参观连小猫都懂的物理世界，我就来玩了，喵！

小猫喜欢物理学吗？

唔……

那你喜欢鲜花和彩虹吗？

鲜花的话，我总是想要欺负它，但是主人说"不行"，喵。彩虹我虽然从来没有摸过，但看起来非常漂亮，喵！

实际上，无论是鲜花还是彩虹，都和物理有着很密切的关系哦。

喵?！是吗?

什么？喵！

 我最喜欢的是力先生哦。

力先生

 没想到居然是你，喵……

看起来很开心，喵！

这样和角色一起学习，你会不会感觉物理学更亲近了呢？

马上翻开书看看吧，喵！

第1部分

力·速度

银河系物理学校中人气汇聚的超级班！

这个运动班里大致分为"力"组和"速度"组。"力"组中强大且温柔的人很多，而"速度"组则奉行"以快为先"主义。每个成员都很优秀，活跃于各自的位置。

力
先生

在银河系中有一个物理学校。首先来看看学校里运动班的"力"组。即使在这所拥有众多个性十足学生的学校中，"力"组的学生也都是与众不同、魅力四射的人。虽然小组里每个人都有独当一面的实力，但是在拥有超强领导力的力先生带领下，大家总能团结在一起。

运动班的超级明星，我是冠军！

拥有出众的领导力，能将运动班的同学团结在一起。不过不擅长处理细节。

弹力
先生

随时随地蹦蹦跳跳的。鞋子上有多种弹簧，会根据身体状况和心情来选择。不论跳多高，也一定会回来。喜欢恶作剧吓唬人，戴着一顶惊吓帽。

重力
小朋友

牛顿（→P.108）发现的物理孩子。喜欢地球，无论多远都会径直冲过去，然后完美地掉在地上！如果被扔到宇宙空间中，就会寂寞得活不下去。

离心力 小姐

傲娇少女，一旦害羞就会立马把别人扔得远远的。但是连喜欢的人也会被扔飞，令她十分烦恼。其实有传言说她崇拜速度先生。有一个叫向心力（→P.22）的双胞胎弟弟。

真是的，走开啦！！

能将这些个性丰富的人团结在一起的只有超级明星力先生！

川村老师，请通俗易懂地教我"力"！

让我们来谈谈物理学中所说的"力"。冒昧问一句，你觉得"大力士"是什么意思呢？

身材高大、肌肉饱满、精力充沛的人？有种相扑选手的感觉，喵。

老师　讲一个有趣的故事。日本明治时期（1868年—1912年），日本人和欧美人相比，在体格上完全不是对手，就算简单掰手腕也赢不了。但是，在明治维新时代，当时的日本人一个接一个地打败了看似强大的欧美人。那么这种情况下，谁是"大力士"呢？

啊?！嗯……是虽然身材矮小但很有力量的日本人……不，是体格更强健的欧美人，喵？没有评定力量强度的标准啊，喵？

老师 举个例子，举起重的物体和轻的物体，哪个更用力？

小猫 重的物体！

重的物体！

呼！

是的。物理学中力学这门学问，据说最早是从人们举起重物时感受到的肌肉收缩反应开始的。这种收缩感的表现类似于弹簧。因此，可以通过弹簧的伸缩量来比较力的大小。

重量在哪里测量都一样吗?

说到力,大家会想到哪些力呢?

力的种类有很多,除了抬起和移动物体的力之外,还有弹簧伸缩时产生的弹力,用绳索拉起物体时作用在绳索上的张力,支撑放置在地板上的物体时产生的支持力,试图阻碍地板上的物体横向滑动的摩擦力,阻碍空气中物体运动的空气阻力,潜水时会使耳朵感到疼痛的水的压力,等等。

现在回到最开始的问题,重量在哪里测量结果都是一样的吗? 或者说: 物体的重量在哪里测量都是一样的吗?

物体的重量是指作用在物体上的重力的大小,重力是力的一种。在同一地理位置上,作用于重的物体上的重力大,作用于轻的物体上的重力小。在国际单位制中,重力的单位符号是N(即牛顿)。

我们熟悉的以 **kg**（千克的单位符号）为单位来进行测量的物理量是质量。

如果重力加速度的大小为g，质量为m，则重力的大小为mg。

那么，物体的重量，在任何地方测量结果都会是一样的吗？

在月球上的话，因为月球上的重力是地球上的1/6，所以物体的重量就是地球上的1/6。

地球上任何地方的重力都是一样的吗？实际上，由于地球自转的原因，在赤道上随地球自转所需的向心力最大，重力与这个向心力的合力是地球对物体的万有引力，所以相对应的物体被地球拉动的力会变小（即重力变小）。不过由于其影响最大约为0.034％，几乎可以忽略不计。所以，在地球上，物体的重量在任何地方都是差不多的。

油为什么会浮在水面上？

现在我们了解了各种各样的力，那么，油为什么会浮在水面上呢？像水这样的液体和空气这样的气体，由于不能保持其自身的形状，统称为流体。在流体中，轻的会向上浮，重的会向下沉。同时，水和油本身不相溶，所以密度（每单位体积的质量）比水小的油就会浮在水面上。

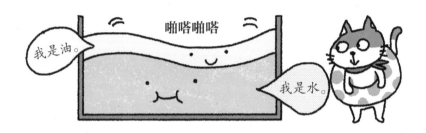

高压锅、渗透压

"压力"这个词，最常使用在什么领域呢？第一个就是气象方面。高气压时天气就会转晴，低气压时天气就会变得不稳定。那么一个标准大气压的值是多少呢？

大家平时从大气受到的压力叫作大气压。其大小 p 是通过将某一面积 $S(\text{m}^2)$ 上的所有空气的重量除以 S 得到的。压强是用受到的力除以受力面积得出的，即单位面积上力的大小就是压强的大小。

这种情况下，当空气密度为 ρ 时，其中所有空气的质量 m 是密度和体积 V 的乘积，即 $m = \rho V$，面积 $S(\text{m}^2)$ 上受到的力，即重力为 $\rho V g$。如果从地面到天空的高度为 h，则体积为底面积乘以高度，即 $V = Sh$，因此 $m = \rho V = \rho S h$。因此可得压强为：

$$P = \frac{F}{S} = \frac{mg}{S} = \frac{\rho V g}{S} = \frac{\rho S h g}{S} = \rho g h \,(\text{N/m}^2 \text{ 或 } \text{Pa})$$

意大利有一个叫托里拆利的人，由于测量大气压时的水银柱的高度是76cm，因此计算出1个标准大气压为1013 hPa（百帕）。这也是经常在天气预报中听到的单位。

现在，让我们来考虑一下高压锅中的情况。高压锅上有一个不锈钢金属盖，锅内水蒸气的密度比空气密度大得多。也就是说，由于水蒸气在高压锅中积累，锅内要承受比一个标准大气压大得多的压力。在一个标准大气压下，水会在100℃沸腾，而在高压锅里，让水沸腾的温度会更高。因此，与开盖烹饪相比，高压锅可以在高温高压下烹饪，这样食物可以熟得更快，并且味道能更好地渗透进去。

接下来让我们从渗透现象中来看一下渗透压。

所谓渗透压，是指两种浓度不同的水溶液相邻时，为了保持浓度一致且恒定，水分子由高浓度流向低浓度时产生的压强。

生物的细胞膜上有很多小孔，水和小物质可以通过，但大物质不能通过。这是细胞膜的一种特性，这种膜被称作半透膜。由半透膜分隔的两个区域中的液体浓度不同，就会产生渗透压。如下图所示，该容器的中心被半透膜隔开，当右侧比水密度大的物质溶解于水中时，水就会从半透膜上的孔中自由地左右移动，但大颗粒不能通过这个孔。由于要保持左右两边浓度相同，从左边进入右边的水分子数量会增多。从某种意义上说，可以想象成用水泵把水送到了右边的区域里。而此时泵产生的水压就是所谓的渗透压。

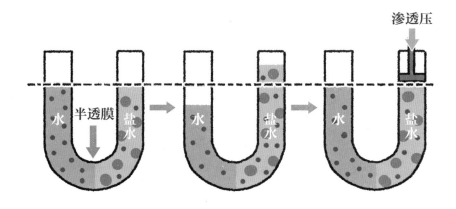

抗震构造是什么构造？

接下来，虽说已经学习了各种各样的力，但是为了更好地解释大楼等建筑在地震中的摇晃现象，这里我们要用到板簧。在地震时，建筑物虽然是横向摇晃，但是这个时候起作用的力是弹力。软的弹簧容易变形，而硬弹簧不易变形。所谓抗震结构，就是把软弹簧变成硬弹簧，使其不易摇晃。建造一个粗且坚固的房梁和房柱，可使建筑物本身的强度足以承受地震。

在日本阪神大地震中，虽然抗震结构在地震中取得了一定的效果，但是地震的能量直接传递到建筑物上，仍然使建筑物的墙壁等出现受损的情况。

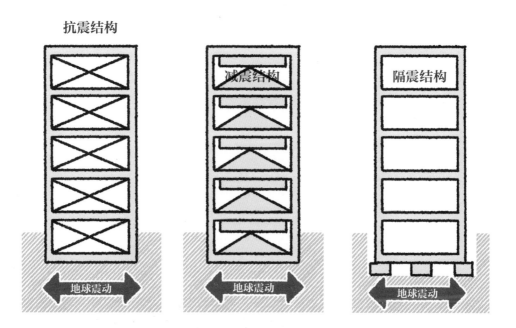

减震结构则是在建筑物内部加入能吸收能量的阻尼器等。高层钢筋混凝土等结构较重的建筑物在每层都会放置阻尼器，钢结构等较轻的建筑物则将阻尼器设置在最上层。阻尼器会吸收地震的能量，减少损失。隔震结构是在建筑物的地基之间设置叠层橡胶等隔震装置，减少传递到建筑物本身的震动，使其不易损坏。同时，大大减少了家具倾倒所带来的损失。

速度
先生

速度小组的每个人都是"个人主义"者。速度先生也丝毫没有要把大家团结起来的意思。因为"速度"是个人竞技！如果空气阻力先生在的话，勉强可以使大家合作。如果他不在，这个小组就是一个纯粹的暴走集团！

我是速度天才。

啾——

有传言说他是学校的人气帅哥。

速度先生总是奔跑着。因为速度太快，没有人能看清楚他的脸。传言的真相到底是什么？

向心力

先生

向心力大人——

被离心力小姐扔飞的孩子

请大家围成圈。♡

向心力先生和"力"组的离心力小姐（→P.11）是一对双胞胎。虽然是异卵双胞胎，但其性质非常相似。向心力先生接收了被傲娇的离心力小姐扔飞的孩子，成了他们的依靠。

空气阻力

先生

没关系。

砰！

空气阻力先生被冲击世界纪录的速度先生和加速度小姐视为天敌。他是小组内的关键人物，不仅能控制住可能成为暴走集团的速度小组，并且为人十分温和，对任何人都不会置之不理。

加速度小姐

她是一个非常积极的女孩子，是开车时喜欢猛踩油门的类型，速度越快越活跃。口头禅是："再快一点！向前冲！"不仅在上学和放学的路上，在操场上、校园里也经常跑起来。

加——速——度——

"快"就是硬道理！每个人都认真地做好自己的事。

川村老师，请通俗易懂地教我"速度"！

老师，我前几天去看了日本新干线，非常快，喵！

好快！！

人类是通过直观（感觉）来判断"快"和"慢"的，那么在物理学上，"快""慢"是如何表示的呢？

老师　速度以一种同时具有大小和方向的量（称为矢量）来表示。在英语中，速度是velocity，速度的大小叫作速率（speed）。在物理的计算中，求速度也就是求速度的大小，所以用速度的 v 作为速率的 v，而速率 v 由距离 x 除以时间 t 确定。即，

$$v = \frac{x}{t}$$

小猫 比如，坐在汽车上突然"嗡"的一下，感觉速度越来越快……

老师 使你产生这种感觉的物理量是加速度。

但是日本新干线以时速270千米的速度持续行驶时，车内就不会有"嗡"的感觉，喵。

没错。不过，速度要慢很多的公交车在加速时也会有"嗡"的感觉。也就是说，速度没有发生很大变化的情况下是感觉不到"嗡"的。

老师 让我们用公式来表示。如果匀加速度的大小为a，则

$$a = \frac{v - v_0}{t - t_0} = \frac{\Delta v}{\Delta t}$$

同时，也可以变形为$v = v_0 + a\Delta t$。这样来看，如果知道了初速度v_0和加速度a的大小，就可以求Δt之后的速度v大小了。

如何在跳台滑雪中长时间滞空？

先不讨论现实中的可能性，让我们在力学的理想条件下考虑一下"滑雪跳跃的长时间滞空"。

什么是力学理想条件呢？简单地说，就是没有各种阻力（如空气阻力等）。本来，要想飞得更远，就必须顺着风飞行，而这在真空里是不可能实现的。但是，如果存在空气，就会产生空气阻力。

所以，以这个假设为前提，让我们考虑一下真空中的跳台滑雪。当一个人以恒定的初速度起跳，不受空气阻力的影响，就可以飞得很远。但只要有重力的存在，最终总是会落回地面。对于"滑雪跳跃长时间滞空相当于飞得很远"这个问题，在真空条件下，如果不考虑人类骨折等问题的话，其实和棒球中的远投是一样的道理。

当球在空中飞行时，作用在球上的力只有重力（不考虑空气阻力）。很多人认为飞行方向也会给球一个作用力，但如果真的有这样一个力的话，球一定会加速，也就是说，球的速度会发生变化。牛顿的运动方程可以说明这一点。

在质量为m的球上作用一个大小为F的力，可以得出公式$F=ma$，那么变形后得出的加速度公式即为：

$$a = \frac{F}{m}$$

简单来说，从距地面相同的高度把球以θ角度抛出。此时的球的速度为v_0，称为初速度。

速度是矢量，即有大小和方向的物理量。在物理学中，常把水平方向和垂直方向分开来考虑。顺便一提，垂直水平方向向下即是重力的方向。

因此，利用三角函数可知，初始速度的水平方向速度大小为：

$$v_{x0} = v_0 \cos \theta$$

垂直方向速度大小为：

$$v_{y0} = v_0 \sin \theta$$

如果只考虑垂直方向上的运动轨迹，就如同站在原地垂直向上扔球一样，球到达最高点后就会垂直地掉下来。

如果要考虑能飞多远的问题，那么也就是球从飞起来开始到落下去这段时间飞过的水平路程。下面让我们来具体看看球的运动轨迹吧。

垂直运动最初具有向上的速度，但当它向地面下落时，就变成了向下的速度。而最高点是速度从向上变为向下的节点，所以它的速度为0。

此外，垂直方向是重力加速度 g 的匀加速直线运动，到最高点时 t 的计算公式为：

$$(v_0 \sin \theta) - gt = 0$$

因此，时间可以表示为：

$$t = \frac{v_0 \sin \theta}{g}$$

另外，重力加速度为 g 的匀加速直线运动最早是由伽利略发现的。

伽利略从"两个重量不同的物体同时落地"的比萨斜塔实验中发现了这个现象。

只是，这种情况只能在两个物体受到同样大小的空气阻力（且空气阻力要比物体重量小得多），即它们大小和形状都相同的情况下成立。不管怎么说，像保龄球和气球这两种有着极端重量差的物体是不行的，但如果是形状相同、用手就能轻易区分轻重的两个物体的话，到达地面的时间几乎是一致的。据此，我们就会知道在地面上相同位置的物体都是以相同的加速度 g 下落。

同时，球从地面上升到最高点和从最高点落回地面，所需要的时间是一样的，因为球的轨道是对称的。因此，从地面上升到再次落回地面所需要的时间为$2t$，即：

$$2t = \frac{2v_0\sin\theta}{g}$$

接下来，让我们考虑水平方向上的速度。水平方向上没有力（重力）的作用，所以速度保持恒定。因此，在水平方向上飞行$2t$时，假设水平方向的距离为x，则：

$$x = v_0\cos\theta \cdot \frac{2v_0\sin\theta}{g} = \frac{v_0^2}{g} \cdot 2\sin\theta\cos\theta$$

同时，三角函数公式里有一个倍角公式，即$2\sin\theta\cos\theta=\sin2\theta$。利用倍角公式我们可以得到：

$$x = \frac{v_0^2}{g} \cdot 2\sin\theta\cos\theta = \frac{v_0^2}{g} \cdot \sin2\theta \leqslant \frac{v_0^2}{g}\ (\because \sin2\theta \leqslant 1)$$

当2θ为90°，即$\theta=45°$时，$\sin2\theta=1$。也就是说，当物体以45°角抛出时，就会飞到最远的地方，即$\dfrac{v_0^2}{g}$。

那么，现在我们已经在真空这一理想条件下得到了一个结果。但在现实中空气是存在的，物体不仅会受到空气阻力，还会有乘风飞行的情况。

在跳台滑雪中，曾经也有像奥特曼一样双手前伸飞行的时代。但是后来，为了降低空气阻力，选手们开始把手臂贴在身体上，双脚并拢飞行。

现在主流的跳法是V字跳。利用身体和滑雪板，摆出像风筝一样的形状，从而御风飞行。这种飞行方式，在逆风时更有优势。

日剧《悠长假期》里的弹力球

物体在碰到其他物体时会反弹。这个时候，会损失一定的能量，所以反弹后的速度比撞击前的速度慢。

在物理学中，这个比率被称为"恢复系数"，用 e 来表示，则

$$e = \frac{\text{分离速度}}{\text{接近速度}}$$

这个数值，在网球中大概是0.7，如果是弹力球的话大概是0.9。

而且，当物体以0的初速度从高度 h 处掉落时，根据匀加速直线运动可以得到以下公式：

$$h = \frac{1}{2}gt^2, \quad v = gt, \quad v^2 = 2gh$$

根据恢复系数的公式，假设回弹之后的速度大小为 v'，$v' = ev$，要得到回弹之后上升的高度 h'，可通过 $v^2 = 2gh'$ 来求得。

★日剧《悠长假期》里的弹力球是什么?

指的是在日本著名的电视剧《悠长假期》中,木村拓哉饰演的濑名秀俊在山口智子饰演的叶山南的行李中发现弹力球的场景。弹力球从公寓3楼的窗户掉下来后,直接反弹回来,完美地落到濑名的手上。这是在流行电视剧中才会出现的令人心跳加速的情景,在当时也成为大家热议的话题。

另一方面,因为 $v'^2=(ev)^2=e^2v^2=e^2 \cdot 2gh$,$2gh'=e^2 \cdot 2gh$,所以 $h'=e^2h$。如果弹力球从1m的高度掉下来的话,那么 $0.9 \times 0.9 \times 1 = 0.81$,因此弹力球只能回弹到80cm高的地方。

什么?弹力球不会回弹到手里,喵?

是这样的。

那么,是怎样拍出"《悠长假期》里的弹力球"这一幕的呢?请仔细观察濑名的手臂动作。他是朝着地面扔下去的。也就是说,弹力球并不是以0的初始速度下降的,而是有一个向下的速度。因此,他最后才可以完美地接住。

第2部分

热

根据热先生的指示自由变换！

银河系物理学校最和睦的班级，在热先生的号令下，完成了气体→液体→固体的三态变化（→P.42）。热先生的梦想是将来当一名高中物理教师，这一定是命中注定吧。

你想要变成什么？

热先生

先生

热先生头上顶着年糕，它代表着热先生的心情。
热先生开心的时候年糕会膨胀，失落的时候会收缩。
虽然很少被人看到，但是偶尔也会爆炸！

你想要变成什么？

梦想是当物理老师，
总是精神饱满地对
每个人进行指导。

口头禅是"你想要变成什么"，
能让对方改变状态。与气体、
固体、液体的关系很好，总是
在一起。

气体
先生

气体先生不论在哪里都可以很快融入，不会让人感到不愉快。人类这样的生命体是离不开气体的。即便如此重要，他对热先生依然毕恭毕敬。

液体
小姐

液体小姐其实很想成为气体或者固体。她总是感到很自卑，认为自己是一个半吊子。但是，在打工的咖啡店里，她作为饮料非常有人气，是不可或缺的。

➡角色档案：12

固体
先生

固体先生给人一种很老实的感觉，比较冷漠。遇到任何情况都不会动摇，十分冷静。但是很怕热先生。当热先生心情不好而爆发的时候，液体小姐会蒸发，固体先生会升华，变成气体，十分恐怖。

气体先生、液体小姐、固体先生其实是同一个人？！只有热先生知道真相！

川村老师，请通俗易懂地教我"热"！

夏天时明明很口渴，但水却是温热的，喵。

我们可以通过触摸物体来感受冷和热。自古以来，在夏天的时候人们就会用井水来冰西瓜。

小猫　什么?！井水不是温热的，喵?

老师　老话说，井水冬暖夏凉。这是真的吗?

小猫　不是有温度计这种方便的东西吗，喵?

老师　现在是这样的。其实在地下一定深度的井水的平均温度在夏天和冬天没有太大的差别，但是相对来说，地面上的气温在夏天很高，在冬天则会降到零下，温差很大。

小猫　原来如此，喵。因为夏天太热了，所以感觉地下的水很凉，喵。

老师　没错。从气温和井水的温差来看，夏天的气温是30℃，而水温是16℃的话，就会觉得井水凉。冬天温度是1℃的时候，井水是12℃的话，就会觉得井水是温的。

小猫　就像用弹簧测力计测量力一样，测量温度的温度计是必不可少的，喵。

老师　那么，你觉得什么时候温度会变高，什么时候温度会变低呢？如何能让15℃的水达到60℃？

小猫　从外部加热，喵？

老师　是的。如果从外部加热，温度就会升高。实际上，热量是单方向地从温度高的地方传向温度低的地方。因此，80℃的热水之所以会变冷，是因为热水向周围发散热量，最终会下降到与房间（周围）相同的温度。

小猫　物体吸收热量时温度升高，释放热量时温度下降，喵。

老师　但是，当冰变成水（融化）时，虽然一直吸收热量，温度却保持在0℃不变。冰全部变成水之后继续吸收热量的话，不久后就会沸腾变成水蒸气（汽化）。这之后，即使把水继续加热，温度也会一直保持在100℃。

干冰为什么不会融化（成液体）？

干冰，顾名思义就是干的冰（二氧化碳）。通常，当温度升高时，物体会发生固体→液体→气体的变化，这一过程被称为物体的三态变化。在之前已经说明了，冰在变成水时，水在变成水蒸气时，其温度是恒定的。在三态变化（固液气之间的变化）过程中，温度不变的情况下发生转移的热量被称为潜热。

冰如果正常融化，就会变成水。然而，二氧化碳在一个标准大气压下会从固体直接变成气体。因为这个过程不产生液体，所以被称为干冰。

干冰与普通冰不同，它会直接变成气态二氧化碳，逃逸到空气中。因此不会出现我们平常所知道的"融化"现象。

此外，在5.6个标准大气压或者更高的大气压下，干冰会变成液态二氧化碳，然后再变成气态二氧化碳，在这种情况下，干冰也可以变"湿"。

● 水和二氧化碳的相图

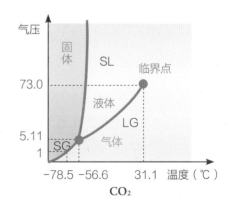

让我们来思考一下日常生活中的各种"热"

先让气球稍微膨胀一点，之后堵住气球的吹气口，如果把这样的气球浸泡在约60℃以上的热水中会怎么样呢？答案是气球会继续膨胀。反过来，如果放入冰水中，气球就会突然收缩。从这个现象我们可以看出，空气等气体会在加热时膨胀，冷却时收缩，即热胀冷缩现象。气体的体积和绝对温度是成正比的。

实际上，物理学中的温度计使用的是气体中的"理想气体"。它是利用在压力不变的情况下的理想气体的体积随温度变化的膨胀比例来测量温度的。也就是说，理想气体的体积 V 与绝对温度 T（单位 K：开尔文）成比例，如果用公式来表示，则 $V=kT$（其中 k 是比例常数）。

其实还有其他改变气球体积的办法。可以试着将捏住吹气口的气球突然压小，这样气球所受到的压强就会增大。实际上，在温度不变的情况下，如果将气球的体积缩小到原来的一半，其所受到的压强就会变成原来的两倍。相反，如果体积增大至原来的两倍，则压强就会减半。

用公式来表示的话，假设压强为 P，体积为 V，则公式为：

PV =常数

此外，如果将 P、V、T 用一个公式表示的话，则为：$PV=nRT$。这个公式被称为理想气体状态方程（n 为物质的量，R 为摩尔气体常数）。

以气球会热胀冷缩为例，气球的体积之所以能够发生变化，是因为要保持气球内外的压强相等。通常气球外侧的气压为1个标准大气压，气球内部也应该为1个标准大气压。

● **摄氏温度 t 和绝对温度 T**

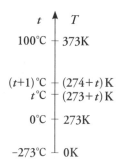

t	T
100℃	373K
$(t+1)$℃	$(274+t)$ K
t℃	$(273+t)$ K
0℃	273K
-273℃	0K

盖子为什么会变得难以打开?

　　我想大家都有过瓶子的瓶盖或者味噌汤（日本一种传统饮食）的碗盖盖得很紧，很难拿下来的经历。实际上，这也是由于"热"导致的。

　　瓶子和碗的盖子无法取下，是因为里面的空气（或者味噌汤、瓶子里的果酱等）变冷了。当瓶子变冷之后，里面的空气也会因为变冷而开始收缩，但是瓶子和碗本身的结构很坚固，导致其体积无法缩小。这使得本该变小的体积强行保持原样，压力由此降低。因此，外部存在的压力（1个标准大气压）比内部的压力大，才使得盖子变得难以取下。

反过来说，为了更容易地打开味噌汤的碗盖或者瓶盖，只需要让内部的空气膨胀，提高内部的压力。也就是说，只需要把里面的东西加热就可以了。不过，瓶子姑且不论，如果是碗的话，只加热味噌汤是相当困难的，所以要用手把盖子压弯，也就是说使盖子变形，这样便可通过注入空气使内外大气压达到平衡。

另外，在你拿起味噌汤碗的时候，是不是总会在桌子上滑一下？这也可以用物理学中的"热"来解释。

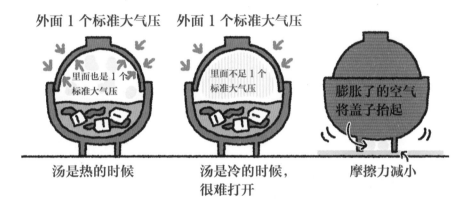

外面 1 个标准大气压　　外面 1 个标准大气压

里面也是 1 个标准大气压

里面不足 1 个标准大气压

膨胀了的空气将盖子抬起

汤是热的时候　　汤是冷的时候，很难打开　　摩擦力减小

因为味噌汤碗里有东西，很重，本身是很难移动的。但是，支撑碗的部分（碗的底部）和桌子之间的空气被加热膨胀，所以会产生使碗稍微浮起来的力。当支撑的部分有水时，原本的摩擦力就会变小，因为水也会使其稍微浮起来。因此，桌面对碗的摩擦力就会变小，味噌汤碗就会"呲"地滑出去。

呲

不过，人们在撕下不易弄掉的贴纸时用吹风机来吹，这种行为就不能用这个原理来解释了。因为这并不是在加热空气，只是在加热贴纸。

吹风机吹出来的热风，会加热密封时使用的胶水。当胶水被加热之后，其分子运动就会加剧。简单地说，就是原本牢固的胶变软了，其结果就是更容易被剥离了，这与摩擦力无关。

想知道分子料理和液氮的工作原理

利用液氮制作的分子料理最近开始流行起来。

可能会有人产生疑问：液氮不是理科实验用的东西吗？其实，使用液氮分子制作分子料理，就是从厨师与科学家的合作开始的。

为什么做饭要用液氮呢？在冷冻库等地方冷冻食材要花费很长时间，导致生成很多大的冰晶，这样，食材的细胞就会被破坏，食品的品质就会劣化。

液氮可以将食物瞬间冷冻，这样冰晶不会变大，就不会破坏食材的风味和口感。

另外，还可以用液氮进行好看的烹饪表演。

比如奶油中含有空气泡沫，这是防寒剂，很难冻住。但是，如果使用液氮的话，就可以简单地将奶油瞬间冷冻。在顾客眼前，奶油表面被冻得脆脆的，口感非常特别。

　　液氮的温度低达－196℃。另外，温度有最低值，而高温在理论上是没有上限的。最低温度的计算可以从理想气体状态方程$pV=nRT$入手，其中V和T成正比，也就是说，当绝对温度T为0的时候，$V=0$，也就是体积为0。这是不可能存在的，所以这个温度被称作绝对零度。在摄氏温度下这个温度为－273℃，因此，0℃＝273K。

为什么在高处耳朵会嗡嗡作响？

　　正如在"力"小组中所学的那样，如果空气密度是ρ，假设从你所在的地面到天空的高度是h，那么压强P的公式为：

$P=\rho gh$

与地表相比，日本富士山山顶的空气厚度较薄，所以压强 P 较小。

人耳朵的深处（耳膜的内侧）基本上也是1个标准大气压，不过，如果人爬到高处的话，压强 P 会变小，这样耳膜就会因为向外鼓而感觉到疼痛。这就是耳朵会嗡嗡作响的原因。

冰箱里电机声的真面目

冰箱是一种可以冷却其内部物体的机器，换句话说，它是一台将内部的热量排放到外部的机器。就像洒水散热一样，制冷剂（用于传递热量的东西）会在冰箱内汽化，带走冰箱内的热量，之后将气态的制冷剂转移到冰箱外，再通过压缩机将其压缩液化。因为压缩机是通过电机来运转的，所以这个时候会发出很大的电机声。另外，运输制冷剂的时候也会用到电机，不过这个声音很小。所以，实际上令我们十分在意的电机声音只是压缩机运行的声音。

怎么做才能让脚变暖呢？

由于空气加热后会上升，所以，想要让整个房间变暖，温暖头部并不难，但要让脚部也变暖却很难做到。

因此，可以让空调向下送风，将暖气送到脚下。除此之外的方法都需要直接从脚边取暖，比如地暖等。

气体先生

液体小姐

固体先生

可擦圆珠笔

为什么笔迹可以消失，喵？

因为使用了颜色可以根据温度变化而变化的墨水。

墨水在温度提高到60℃以上时就会变成无色。利用笔头上的橡胶摩擦产生的摩擦热，使字迹消失，并且不会出现橡皮渣。

● **可擦油墨的工作原理**

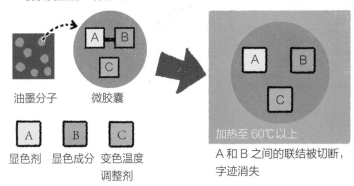

油墨分子　　微胶囊

A 显色剂　　B 显色成分　　C 变色温度调整剂

加热至60℃以上
A 和 B 之间的联结被切断，字迹消失

★什么是可擦圆珠笔？

它是为飞行员制作的产品，是一种可以擦除字迹的圆珠笔。笔头上的橡胶起着橡皮的作用。对于那些"写错了就擦不掉"的商务人士而言简直就是救世主般的存在。但是，不能在合同和账单上使用。

温度达到60℃以上，不用擦也会消失，喵?！

没错。

这种墨水的脱色温度设定为65℃，所以如果在超过这个温度的地方保管的话，写的内容就会全部消失。但是反过来，在低于恢复温度（-20℃）的地方就可以恢复消失的内容。可以在家里的冰箱里试试。

可擦油墨最初是显色的，因为特殊的微胶囊起色素的作用（P.50左图），通过对其摩擦产生热量，当温度达到脱色温度或更高时（P.50右图），A和B之间的联结被切断，就会变成无色。

保存文件时，如果使用了可擦笔，以防万一，千万不要在60℃以上或-10℃以下保存。

第3部分

波

才华横溢的角色间产生的波动

波部是银河系物理学校的艺术选修班。成员擅长音乐和美术。他们面容俊俏，却难以接近。虽然很受欢迎，但是有恋人的人好像很少。

波
先生

波先生是艺术选修班中的一员。在他的带领下，班级的表现力很强。虽然力量和速度比运动班差一点，但在团队合作和艺术方面遥遥领先。在学校庆典等文化活动中，班里每个人都表现得非常活跃。

一直很忙，
很难抓到他。

他擅长带动同学们在学校体育活动中掀起加油助威的浪潮。作为波部部长，他擅长发挥团队的力量。

声

小姐

银河系物理学校的音乐特长组成员。音乐特长组里每个人都有绝对音感。尤其是声小姐，除了绝对音感之外，还拥有出众的节奏感。乐器、声乐等都会，特别是指挥，得到了极高的评价，有"完美和声制造者"之称。

第 3 部分

波

因为职责的关系，经常和波先生一起参加活动。

吹奏乐部的部长兼音乐组的组长。她偷偷喜欢着性格沉稳的波先生。

55

光

先生

美感出众的艺术系小组成员。这个小组过于埋头于艺术，虽说每个角色都个性十足，但是团队合作方面却出乎意料地好。作为校园七大神秘事件之一的彩虹七兄弟中的"第八人的白先生"的故事在学生之间偷偷地广泛传播。

光就是一朵在教室里静静盛开的花。

光先生本名是光子（Photon）。他既是粒子又是波，因为做什么都习惯了自己一个人，所以很难融入周围的环境。他是一个完美且孤傲的天才。

驻波

先生

乍一看，他似乎保持这个姿势一动不动，但实际上他是在上下一点一点地移动的。"我也很忙哦"是他的口头禅。波先生总嘲笑他是"簸"，让他感觉有点不舒服。

振动

姐妹

振动小高和小低两姐妹可以演奏出精彩的和声，但是彼此的音域其实比较狭小，这一点是她们的烦恼。姐妹俩互相崇拜着对方。

乐器

先生

他通过震动空气发出声音。不过，即便有绝对音感，有时候自己也控制不了，需要调音。弦乐器、管乐器、打击乐器一应俱全，可以组成一支管弦乐队。

音速

先生

不管是艺术班还是音乐组里，他都是最快的一个。不过人外有人，和美术组的光速先生的比赛，他一次也没赢过。

好好地传播声音哟。

→ 角色档案：20

光的三原色

美术组的人气兄弟，组里还有另外4个人。如果红、绿、蓝三原色重叠的话，就会产生"第八人白先生"。

→ 角色档案：21

光速
先生

虽然为什么会在美术组是个谜，但是如果没有光速先生，所有的颜色和光就无法到达我们的眼睛里。他拥有1秒绕地球7周半的速度，别说是长相了，连他的影子都没人看到过。

透镜
兄妹

他们是双胞胎，而且是同年级的兄妹，是谜一般的两个人，一直和光先生一起活动。光先生虽然和凸小姐打得火热，像是被点燃的纸一样，但是和凹先生有点谈不来。

凹先生

凸小姐

肩负着将音乐、美术等传递给大家的使命的人是"波"！

川村老师，请通俗易懂地教我"波"！

物理中所说的"波"与所谓的"波浪"并不相同。你见过海浪吗？

涨涨落落，就是海浪，喵。

老师 没错。例如在大海中，波本身是在移动的。但是物理学上的波并不移动，只是传递振动。漂浮在池塘水面上的叶子会掀起波纹，波浪会前进，但是叶子本身并不会横向移动，只是在原地上下运动。

老师　实际上，不管是"声"还是"光"都是物理学意义上的波。

猫咪　"声"姑且不论，"光"居然也是，喵!

老师　但是，光传播并不需要介质。而水波的介质是水，声波的介质是空气。

那么，在真空中是不是听不到声音，喵?

没错。即使是真空的状态，光也是可以传播的。因为其传播并不需要介质。

波的波峰、波谷、波长、周期

● 行波的波长

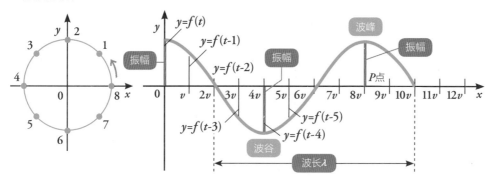

波振动一次时传播的距离称为波长，波长用λ来表示。另外，这段时间叫作周期，用T来表示。

如上图所示。波的底部叫作"波谷"，波的顶部叫作"波峰"。其中，波峰和波谷之间的垂直距离的一半被称为振幅，用A表示。

行波和驻波

如之前所描述的波，因为其振动模式是向前传播的，因此被称为行波。与此相对，并不会向前传播的波被称为驻波。一束行波如果与另一束相反方向行进的相同振幅和波长的行波合成的话，最终就会产生驻波。如右图所示。

● 驻波的波长

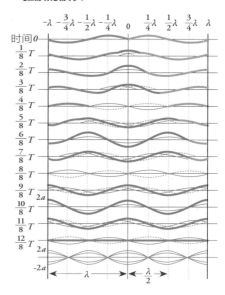

在驻波中，最粗的部分叫作"波腹"，最细的地方叫作"波节"。波节和波腹的位置不会移动，所以看起来像是停止的波。

长得像红薯一样……

能听到声音的原理

声音也是一种波动（波）。因此，我们需要一种媒介来传递声音。实际上，声音是以空气等为媒介传播的。如果在真空中，声音就不会传播了。

假设空气中的气温是 t ℃，声速为 v，则：

$$v=331.5+0.6\,t$$

据此可以得出当温度为15℃时声速为340m/s（每秒前进340m）。声音在水中的传播速度更快。

用土电话的时候，在这边说"喂"，声音就会把"线"作为媒介向另一边传递振动，之后在另一边引起膜振动，导致空气跟着振动，最终使耳朵里的鼓膜振动，就能听见对方说话的声音了。

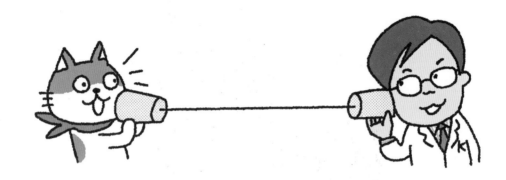

蚊蚋音是什么？

人类耳朵可以听见的声音被称为可闻声波。可闻声波的频率大概在20Hz到20000Hz之间。超过20000Hz的声波叫作超声波，人耳是听不见的。相反，低于20Hz的声波被称为次声波，人类也是听不见的。

● **频率和声音的关系**

次声波	可闻声波 （可以听见的频率）	超声波
	20Hz	**20000Hz**

人随着年龄的增长，能听到的声音的频率范围也会发生变化。到某个年纪，高频会下降到18000Hz，之后下降到16000Hz，变得越来越窄，这种现象被称为"老年性耳聋"。也就是说，有的频率的声音只有在年轻的时候才听得见，上了年纪就听不见了。像这种高频率的声音（17000Hz左右）就被称为蚊蚋音。

比如学生们用老师听不到的高频的声音作为手机铃声，或者晚上在安静的公园里，用高龄者听不到的高频声作为广播，提醒仍在吵闹的年轻人保持安静等，这些形式都是在利用蚊蚋音。

乐器为什么能保持音程？

乐器之所以能很好地保持音程，是因为它们利用驻波（→P.66）演奏。

小提琴和吉他等弦乐器发声时会产生以两端作为波节，弦的中间作为波腹的驻波。这叫作基本振动，这个声音作为音程可以被人听到。弦长越长，发出的音越低，弦长越短，发出的音越高。

实际上，不仅是基本振动产生基本声音，还有其他振动也会产生其他声音。具体来说，弦的基本振动呈现出一种类似于红薯的形状，同一时间会产生的2~3个红薯样的振动。它们叫作二倍频振动和三倍频振动。这个时候听到的声音叫作第二泛音和第三泛音。因此，即使拉同样的弦，如果共鸣箱（乐器自身）的性能发生变化，音色也会发生变化。简单地说，乐器价格的差异就体现在这里。拿吉他来说，越高级的吉他共鸣箱就会越好。如果是小提琴的话，有的价值高达数百万到数千万人民币。

而长笛等管乐器，则是利用管子的共振，产生以两端为波腹、中央为波节的驻波。这样便可以听见以此驻波作为音程发出的基本音。不同的吹法可以产生各种各样的泛音，这样听众便可以听到演奏者演奏出许多独特音色的音乐。

　　因此，乐器是利用弦或者管的共鸣来保持音程的。

声小姐　　　　乐器先生

麦克风的啸叫声

麦克风有时会发出"吱——吱——"的啸叫声（音频反馈，Audio Feedback）。

这种麦克风啸叫声的原理和耳机等使用的噪音消除技术（只消除噪音的技术）正好相反。

让我们来了解一下啸叫声是如何产生的。啸叫声发生的条件是麦克风要接收到扬声器发出的声音。麦克风接收到的声音由放大器放大，由扬声器播放，再由麦克风接收，最后由扬声器再现。通过重复此过程，声音在麦克风—放大器—扬声器之间循环，产生"吱——吱——"的啸叫声。

另一方面，消噪耳机通过内置在耳机中的麦克风收集周围的噪声，并产生与噪声相位相反的声音，即波峰和波谷颠倒的声音，并将其与原始噪声的波形合成，这样就可以降低噪音。

光也是物理学中的一种波

　　正如标题所说，光也是一种物理学中的波。所谓的光和电波等都叫作电磁波，在这些电磁波中，我们能看到的光就叫作可见光。

　　红光是人眼能看到的波长最长的光。比这个波长更长的光是红外线，人眼是看不见的。

　　另一方面，波长最短的光是紫光。可见光波长由长到短的分别是红、橙、黄、绿、青、蓝和紫七种。另外，波的能量越低，波长越长；相反，波长越短，则能量越高。

因为波长与能量的关系，所以从红色的光到紫色的光，能量是逐渐增加的。这样就可以理解为什么人在红外线的照射下不会被晒黑，而在紫外线的照射下很快就会被晒黑的原理。此外，能量高的光线还可以用来杀菌。除了可见光外，不仅红外线和紫外线，X光拍照中的X射线及手机所使用到的电波，在物理学上也是一种光，其传播速度都是一样的，在真空中是3.0×10^8m/s。

颜色的组成结构

实际上颜色的不同是由光的波长决定的。就拿彩虹的7种颜色来说，红色的波长是800nm，紫色波长是380nm左右。就像这样，不同的波长决定了不同的颜色。如果将这些颜色混合在一起，就会产生新的颜色。光的颜色仅由原色决定，被称为光的三原色。

光的三原色为红色、绿色和蓝色（→P.62），英文首字母简称为RGB。电视、电脑、智能手机、数码相机等的显示屏中的色彩都是由光的三原色按照不同比例混合而成的，可以呈现出所有可见的颜色。只用三原色就能表现出所有的颜色，真是不可思议。另外，光的三原色加色混合的话就会变成白光，减色混合的话就会变成黑色。

另外，眼睛可以看到物体的颜色，比如红色，是因为物体反射了光中的红色。

也就是说，如果没有光，人们就无法识别颜色。

光的三原色

镜中镜

　　镜中镜的原理是光的反射，其成像过程类似于麦克风啸叫声现象。

　　将两面镜子相对放置，第一面镜子中的图像就会映照在对面的镜子中，这个图像又会映回到原来的镜子中，就这样不断重复。在最理想的情况下，镜子所成的像是可以无限重复的，但因为没有镜子可以达到100％的反射率，所以最终反射的像不会出现在对面的镜子上。

当电脑的摄像头对着电脑的显示屏放置时，或者当智能手机的摄像头和电脑的摄像头对着放置时，也会产生类似镜中镜的现象，大家可以尝试一下。

双焦透镜

你小时候玩过放大镜吗？放大镜就是凸透镜，可以放大看近处的东西。但是，不能放大看远处的东西。

● **透镜的原理**

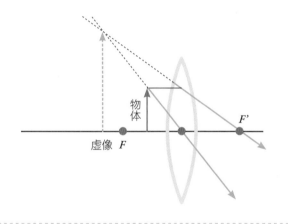

凸透镜

两边薄、中间厚，可以放大近处的物体，而看远处的物体时，会成倒立的像。凸透镜具有聚集光线的功能，多应用于放大镜等。

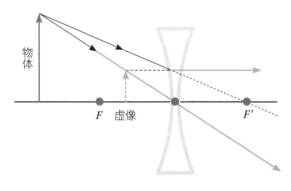

凹透镜

两边厚、中间薄，凹透镜具有发散光线的功能。不论近的东西还是远的东西，用凹透镜看起来都很小，多用于近视眼镜、望远镜等。

近视眼镜（凹透镜）的原理见下图。

● 用凹透镜矫正近视的原理

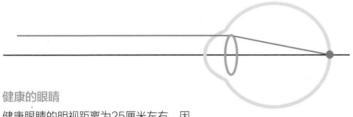

健康的眼睛
健康眼睛的明视距离为25厘米左右。因
此，小时候父母总是教育我们："读书
时眼睛要离书本25厘米以上！"

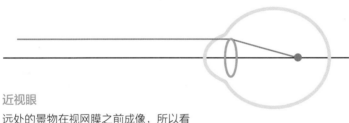

近视眼
远处的景物在视网膜之前成像，所以看
不清楚。

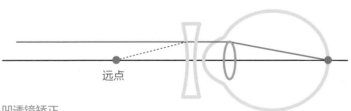

远点

凹透镜矫正
利用凹透镜发散光的原理，在视网膜上
精确地成像。

近视眼用眼镜矫正的话，就是利用凹透镜原理，将视网膜前的图像延后使其成像在视网膜上。另一方面，远视眼和老花眼因为是成像在视网膜后方，所以要用凸透镜将成像的距离缩短，使其成像于视网膜上。

另外，近视的人如果患上老花眼，凹透镜和凸透镜都是必要的。也就是说，在一个透镜中需要同时具有凹透镜和凸透镜的功能，这就是双焦透镜。

透镜兄妹

凹先生

凸小姐

物理休息室

4K、8K电视

近些年来，4K、8K电视逐渐成为大家茶余饭后讨论的话题。

而且这种电视好薄！（都不能在电视上午睡了，喵）

　　4K和8K指的是像素点数量，和像素点数量经常一起使用是"分辨率"。一个发光元件作为一个像素，其像素点就是1px（像素）。分辨率是指每一英寸（2.54cm）长度中，取

★ 什么是4K、8K电视？

　　K代表1000，4K和8K即4000和8000，它们指的是水平方向的像素点。4K是指3840个水平像素点乘以2160个垂直像素点得出整个屏幕上的8294400个像素；8K是指7680个水平像素点乘以4320个垂直像素点得出33177600像素。许多地面数字广播和卫星广播的电视都是2K（全高清），横向和纵向像素为1920×1080。

样、可显示或输出点的数目，其单位符号为dpi（每英寸点数），也就是每英寸像素的密度。虽然是很相似的描述，不过意思不一样，所以需要注意。

也就是说2K和4K的区别在于构成
画面的像素点的差别，喵！

就是这样。2K的分辨率即1920×1080，约为200万像素，4K即3840×2160，约为800万像素。

同样的画面尺寸，4K的像素是2K的4倍，
影像也会更清晰，喵！

第4部分

电·磁

人类科学技术发展的基石

这里是银河系物理学校的理科升学班。虽然"电气班"有时被戏称为"电弃班"，但如果没有电磁学，尖端科学技术是发展不起来的。

先生

在理科班，电先生接近于所谓的"理科男"。U型磁铁小姑娘是万绿丛中的一点红，是班级里大家的女神。不过总是被各种各样的人搭讪，让U型磁铁小姑娘感觉有点困扰。班里每个人都意识到自己是发展前沿科技的中坚力量，所以学术性和专业性都很高。

啦啪里噼　　啦啪里噼

碰到我的话就会被电。

大家都觉得他总是"噼里啪啦"的很难接近，所以都不敢轻易靠近。其实电先生本人是一个内心温柔的年轻人。

发电
先生

发电先生相较于有点被边缘化的电先生，更能团结班级同学。在众多别扭的角色中，说实话他还算中等级别的别扭。因为发电先生伴随着人类历史上文明和技术的进步，所以他会有一点自负，不过他仍然是一个热情的男人。他是班级里阳光又热忱的班长。

创造电先生的幕后英雄。

虽然第一眼看上去并不是很帅，但是如果没有发电先生的话，一切需要用电的活动都没办法展开。他具有稳定发电的重要作用。

→ 角色档案：25

灯泡先生

虽然能很好地帮助其他人，但是没有发电先生的话就什么都做不了。灯泡先生本人也相当清楚这一点，所以非常喜欢"发电'长学'"。虽然有时候说话有点颠三倒四，但总的来说还是很讨人喜欢的。

→ 角色档案：26

欧姆电阻先生

欧姆电阻先生的外表是一个完美的Ω形，他是一个十分聪明的人。因为有一个奇怪的名字，经常被人揶揄。他在电气班里是一个特立独行又不招人喜欢的家伙。其实他有着相当重要的作用，值得被另眼相待。

U型磁铁

小姑娘

她在几乎全是理工男的电气班里充当"妹妹"的角色。虽然看起来呆呆的，但是却非常受欢迎，尤其是砂铁先生，总是粘在她身边，虽然因为这个她最近很不高兴，但也不好脱身。

指南针

先生

他拥有出众的方向感，可以指出学校里任何的方位，他自己解释是"因为总是面朝着北"。虽然他不怎么讲理，不过外出或者约会、兜风时带上他非常方便。

→角色档案：29

电机

先生

　　他是电气班中被作为研究对象的小汽车。在电气班中，电、磁自不必说，还有很多对机器感兴趣的角色，所以他是一个被无微不至地照顾着的幸福孩子。

→角色档案：30

天线

先生

　　他对电波、信息及流行文化非常敏感。他坚持自己的风格，认为未来的电气班一定要时尚。他很喜欢U型磁铁，但是关系很难密切起来。

川村老师，请通俗易懂地教我"电"！

说到电，你会想到什么？

噼里啪啦的静电和电流，喵。

胶垫

未带电

摩擦 摩擦

噼里啪啦

噼里啪啦

喂——

老师 所有的物质都带有电子。物质最初是电中性的，这一点稍后会更详细地介绍。毛衣和胶垫本身都不带电，但如果将两者合在一起摩擦，一个会带上正电，另一个会带上负电。

下面这张图里显示了哪些物质会带正电，哪些会带负电。毛线（羊毛）带正电，胶垫（氯乙烯）带负电，这样它们就会互相吸引了。

容易带正电的物质 　　　　　　　　　　　　　　　　容易带负电的物质

毛皮　玻璃　云母　羊毛　尼龙　丝绸　木棉　木材　皮肤　水晶　印刷玻璃　纸（抽纸巾）　棉　环氧土　丝绸　橡胶　聚丙烯（吸管）　硫磺　聚酯纤维　丙烯　赛璐珞　聚乙烯　环氧土　玻璃纸　氯乙烯（橡皮擦）

物体的正负带电在各种条件下都有变化，但根据材料的不同，有上述变化倾向。

虽然人们很早以前就知道物体会带正电或者带负电，但到后面才认识到是由于电子带（负）电导致的。就拿大家都学过的化学式Cl^-来举例，Cl^-中这个负号就代表带了一个电子。相对地，如果想让钠之类的元素带正电，只需要从钠那里夺走一个电子，这样钠就处于电子不足的状态，从而带正电。可真是麻烦呢。

电子明明有那么多，却都是负的，喵！

川村老师，请通俗易懂地教我"电流和电压"！

哔——哔

喵！

吓我一跳，喵！

这就是电流哟。

小猫 电居然还能流动的，喵。

老师 所谓电的流动，就是电子的流动。正如我刚才所说，正电是指电子不足的状态，而负电是指电子大量（过剩）的状态。

小猫　因为电子是带负电的，喵。

老师　没错。本来物体都是电中性的，但是由于摩擦时电子会移动，因此会产生偏移。之后，若电子不再移动而是停留在原地，物体就会带静电。

老师　之后，由于两物体之间电子的偏移，就会产生电压（电势差）。当电压增大，电子由负向正释放，就叫作放电。

小猫　此时产生的电子的流动，就是电流，喵。

老师　没错。当干电池使LED发光时，电子从负极流过导线，使LED发光，然后返回电池的正极，这便是因为电池正极和负极之间有电位差。在干电池中，正极和负极的电位差为1.5V，即电压为1.5V。不过1.5V并不能使LED发光。

小猫　将两节干电池串联起来就有3V的电压，这样就能使LED发光了，喵。

发电先生

川村老师，请通俗易懂地教我"欧姆定律"！

接下来让我来介绍一下
欧姆定律吧。

不能通过。

欧姆电阻先生

★**欧姆定律**

德国的物理学家欧姆研究认为，电流与电压成正比。即当电流为I，电压为U时，它们之间的关系为：

$U=RI$

其中R是电阻，其单位为欧姆，用符号Ω表示。

就是这里！

卷卷

← 铜丝

老师 如果像这样卷铜丝的话，电流就会变得很小。让我们根据电阻定律来分析。电阻R的值随导体长度L的值变大而变大，即L越长R越大。相反，随导体横截面积的变大而变小，即横截面积越大R越小。

小猫 所以不能卷太多呢，喵。

老师 没错。因为这样就会太长了。电阻R可以用$R = \rho \dfrac{L}{S}$来表示，这里的ρ是电阻率。

因为是欧姆先生第一个发现的，

所以就叫作欧姆定律，喵。

触摸屏的工作原理

　　如今常用于智能手机和电脑上的触摸屏，其原理就是利用静电。触摸屏是贴在屏幕玻璃表面的一层薄膜，具代表性的有电容式触摸屏和电阻式触摸屏，智能手机采用的就是利用静电的电容式触摸屏。

　　触摸面板中有很多横向和纵向排列的电极矩阵，其表面带有静电，如下图所示。

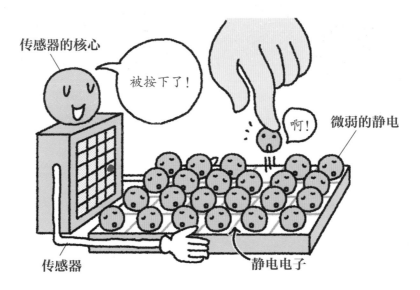

传感器的核心

被按下了！

啊！

微弱的静电

传感器

静电电子

　　当手指触摸触控面板的时候，手指会擦除该区域的静电，传感器因此可以确定哪个区域内放电，来确认哪个区域被触摸。而用普通的笔或者手套触摸手机却没有反应，这是因为其和手指不同，不能导电，因此不会放电。

　　另外，电阻式的触摸屏不能进行多点触控，也就是不能用两根手指同时操作，因此使用手机时，拇指与食指同时触摸面板，分开手指放大照片这样重要的操作在电阻式触摸屏上是无法完成的。

电阻式触屏的工作原理则是在两片膜之间会有电流通过，一旦接触，两片膜就会粘在一起，电阻就会变小，这样就可以知道电流的大小。整个过程可以通过传感器进行读取，所以与是否导电无关。因此，用笔、指甲等触摸也会有反应，接触时也能感受到力的强弱，所以游戏机等多采用这种方式。

什么是磁性、磁铁？

现在，让我们来看看磁铁。电会吸引和排斥各种各样的东西，磁铁也是如此。N极和S极是相互吸引的，但N极之间、S极之间是互相排斥的，即所谓异性相吸，同性相斥。因为磁铁的N级永远指向地球的北方，常将其用作指南针。

大家也可以自己制作指南针。让塑料泡沫做的船浮在水盆中，放上在商店就能轻松买到的钕磁铁，船就会朝南北方向。如下图所示，日本诸岛也是南北朝向的。

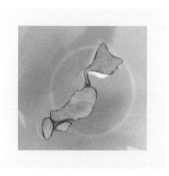

钕磁铁是永磁体中磁力最强的磁铁。

另外，在白色纸板下放置条形磁铁或者圆形磁铁，之后在纸板上撒上铁砂，就会形成磁力线的图案。这样就可以知道磁铁周围的空间是怎样受到磁铁的磁力影响的。

由于电和磁具有相似的性质，比如都可以吸住东西和排斥东西，所以人们认为它们之间可能存在什么联系。但过去的人们对此一直毫无头绪，直到1820年5月，哥本哈根大学的奥斯特（H.Oersted）教授在上课时偶然发现，放在电流流过的导线旁的磁针会摆动。当在南北方向上拉上导线，在导线下面放上磁铁，然后让电流从南向北流动时，磁针的N极会向西摆动。

由此可以得知，在直导线电流的周围形成了一个沿电流方向呈右旋的环形磁场（右手螺旋定则，即安培定则）。

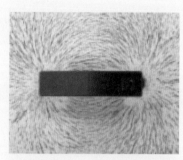

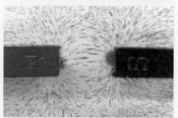

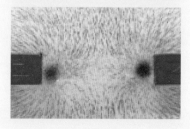

铁砂画出的图案称为磁力线。不同的极之间的磁力线图案参照右边中间的照片，相同的极之间参照最下面的照片。

如图所示，在直流电流周围，在电流前进的右旋方向上形成环形磁场。

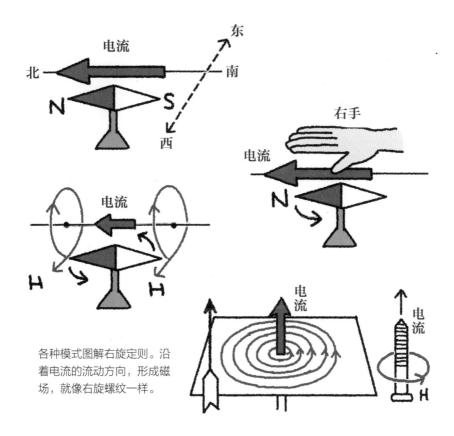

各种模式图解右旋定则。沿着电流的流动方向，形成磁场，就像右旋螺纹一样。

　　利用右手定则，当电流流过线圈时，可以知道哪个是N极，哪个是S极。此外，在线圈中加入铁芯，就会变成强电磁铁。

　　因此，我们进行了一个叫作电秋千的实验，一打开电流开关，秋千就会飞出来。如果反转电流的方向，秋千移动的方向也会反转。

弗莱明左手定则解释了挂着导线的秋千会向哪个方向移动，它也可以解释电动机的工作原理。

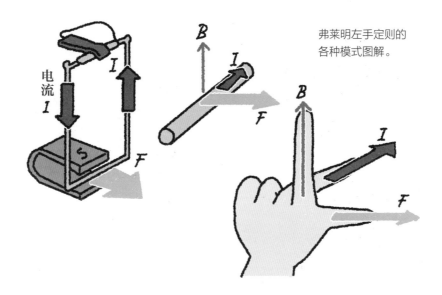

弗莱明左手定则的各种模式图解。

电磁感应

通电会产生磁现象，反过来，磁铁的作用会不会产生电流呢？然而，解决这个疑问却用了11年的时间，最早验证这个观点的人是迈克尔·法拉第。

1831年8月29日，法拉第终于发现了电磁感应。电路中没有电池或电源，但当磁铁靠近或远离线圈时，却仍有电流流过，这种电流叫感应电流，产生电流的电动势叫感应电动势。

当线圈在磁场中旋转时，通过线圈的磁力线（磁通量）会发生变化，这样就会产生感应电流，也就是发电。至此，我们创造了一个以电能为基础的高科技社会。

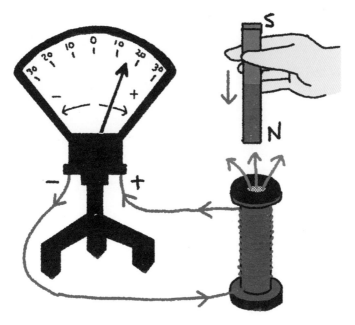

法拉第电磁感应定律实验

电磁波

当磁场发生变化时，会产生感应电动势，当有导线时，会产生感应电流，没有导线时，在空间里就会形成电场。电场与磁场类似。当变化的电场在空间中产生时，在其周围也会产生磁场，因此可以认为存在一种电场和磁场相结合传播的波，这种波就叫作电磁波。该理论于1864年由麦克斯韦提出。20多年后的1888年，赫兹通过实验验证了无线电；1895年，马可尼成功地进行了无线电实验。这就是如今电视和电台等广播通信的基础。

电磁波的速度与光速相同，都是3.0×10^8m/s。各种电磁波的区别如下图所示。

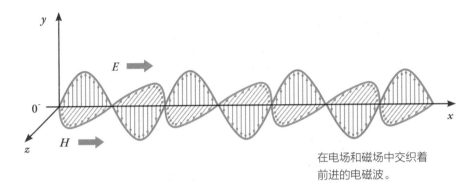

在电场和磁场中交织着前进的电磁波。

各种电磁波

真是各种各样呢，喵。

可见光的颜色因波长而异。

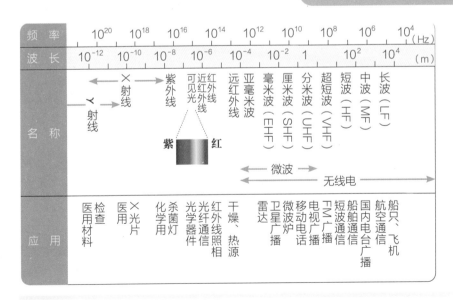

① 无线电：波长比红外线长，用于广播和电视。

② 红外线：波长比无线电短，比可见光（红色）长。当碰到物体时，容易被吸收变成热量。

③ 可见光：肉眼可见的光。红色波长大概为760nm，紫色波长大概为380nm。分为红、橙、黄、绿、青、蓝、紫7种颜色。

④ 紫外线：波长比可见光（紫）短。容易让物质发生化学变化，用于杀菌等。

⑤ X射线：比紫外线的波长短。用于X光摄影等。

⑥ γ射线：放射性元素的原子核放出的电磁波叫作γ射线。

与光一样，这些电磁波具有波的特性，即反射、折射、衍射和干涉。

物理休息室 ☕

5.1ch环绕声

如果有6个扬声器，你的注意力会
集中在哪里，喵?

老师 单声道（1.0ch）使用最简单的方法
记录和再现声音。还有一种立体声
（2.0ch）系统，用于区分从右侧听到的声音
和从左侧听到的声音。环绕（surround）拥
有更多的声道（3ch或更多），但更常用的
是5.1ch环绕声。

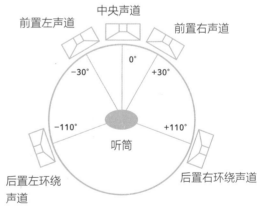

因为有6个扬声器，所以就是"5+1"
等于"5.1ch"。

".1"是什么，
喵?

★什么是5.1ch环绕声?

　　这是一种音响系统结构,通过6个扬声器围绕收听者再现声音。人类能听到的声音一般是20Hz~20kHz。这一频段的立体声扬声器也被称为5声道,因为它们分别位于正前方、左前方、右前方、左后方和右后方。

 老师　对于5.1ch环绕声,应放置120Hz以下的低音炮,以增强中低音。普通扬声器计为1ch,而超低音扬声器(低音扬声器)将其计数为".1ch",意思是它与普通扬声器的ch区不同。

 只是用点以示区别,并不是
小数的0.1,喵!

 老师　没错。5个普通扬声器和一个低音专用扬声器,共6个。该系统是为了在电影院等场所获得身临其境的音效而开发的,但也被用于家庭影院系统和高端音响。

DVD和蓝光光盘等视频软件和数字广播也使用相应的音频记录和分发格式。

第5部分

物理与
最新科学技术

物理学校里所有的道路都是由这三个人开创的！

他们是银河系物理学校极具权威性的三巨头。如果没有他们，物理（学校）就不会诞生。同时，如果没有物理学的基础，支撑人类文化生活的最新技术也无法发展。现在就让我们来总结一下物理的过去与现在。

物理

先生

提出日心说的伽利略，发现万有引力的牛顿，以及提出相对论的爱因斯坦，在日本，人们称这三个人为BTR（在日语中，"物理"的表音方式是"Bu Tsu Ri"）。物理学从这里开始！物理学校传说中的学生会老校友终于要登场了。

支撑着人类文化发展，是最新科技的基础。

当物理学校的学生们吵架的时候，他们三人就会如影随形般地出现在身后。他们是极具权威的学生会老校友。

牛顿先生

伽利略先生

天文学是物理。

科学也是物理。

化学也是物理。

爱因斯坦先生

物理学校，真正的实力派是谁？

川村老师，

请通俗易懂地教我"科学和物理"！

那么，科学和物理学有何不同，喵？

如果追溯到古希腊时期，它们原本被称为"自然哲学"。

老师　在中文中，"物理"是指了解"事物本质的原理"的学问，而在英语中，它被称为"physics"，最初是指从天文到生物的、广泛的"对自然知识的追求"。而物理像现在这样，从自然哲学中独立出来，成为一门只追求所谓物理现象的学问，是从19世纪才开始的。

小猫　科学和物理都是属于"理科"，喵？

老师　现代的科技，正在以人类无法想象的速度发展。我们正理所当然地享受着先人们留下的财富。而今所有我们享受到的便利与快捷，都是我们的先人们与伟大的大自然之间努力取得平衡、和谐共存的结果。

小猫　也就是说人类的历史就是发明与创造的历史，喵！

老师　在物理学发展的同时，科学技术也在不断进步。物理科学在各个领域进步的同时，技术领域也在不断进步，支撑着如今现代化的科学技术社会。

从物理学的观点谈最新技术

物理的历史

　　是时候谈谈什么是科学了。作为学习综合思考方法的学问，哲学是最具代表性的。与此相对的，也有深入挖掘某一部分的学问。比如学校的学科有"科"这个字，像语文学科、数学学科、理科等。而理科学习的内容是科学。也就是说，带有"科"字就是指某一方面的专业学问。

物理

唔

　　拿英语来说，老师是teacher，但是科学家的话，是scientist。"…er"是一个广泛的、全面的职业，而"…ist"则有一种专业的、深入的意思，如pianist（钢琴家）、violinist（小提琴家）等。也就是说，科学就是"深入研究某一专业"的学科。相对应的哲学家是philosopher，表明哲学是综合性的学问。

　　随着研究的发展，科学领域也正在不断细分。如果把科学进行大致划分的话，以前分为数学、物理、化学、生物、地理，但是从现代开始，人们正在把它们从各自的领域，进行进一步细分。

科学家
（scientist）

　　至此，让我们来看看物理学各个领域的构成。为了客观地表现力的强度，施加了多少力等概念，力学这个领域就出来了；为了客观地表现物体的冷、热等，热学这门学问产生了。后来关于电、磁的学问也被独立出来研究，电磁学这门统一的学问不久就确立了。现代物理学逐渐发展。

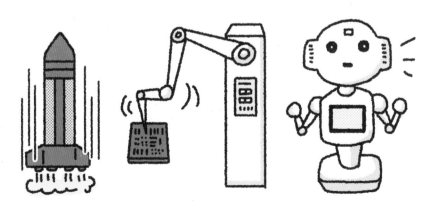

之后，随着物理学的发展，相应的科学技术也在不断进步。和物理学的发展一样，科学技术也是在快速发展的过程中逐渐细分的，可以说前沿科技与物理学关系密切。

接下来，让我们从物理学的观点出发，来介绍一些如今的最新技术吧。

特殊玻璃的结构

从物理学的角度来看，玻璃是一种以硅酸盐为主要成分的坚硬透明的硅酸化合物，又叫作钠钙玻璃。玻璃对可见光（→P.72）有一定程度的透明性，并且本身具有一定的硬度和一定的抗腐蚀性，其表面光滑容易去除污垢，所以常应用于窗户、镜子、镜片、餐具等。

但是，人们也提出了更多的要求，包括不易碎、不会被碎片轻易割伤、从外面看不到里面以及防紫外线等。基于这些要求，使用特殊技术的特殊玻璃应运而生。

特殊玻璃有以下几种。

首先是钢化玻璃。与普通玻璃的制作方法大致相同，但在最后一道工序中，通过加大表面拉力的方法，钢化玻璃会比普通玻璃的强度增加3.5倍到4倍左右。这种玻璃的强度很高，即使用锤子敲打也不会碎，不过如果用尖锐物体敲击的话，就会敲个粉碎。但这个时候产生的碎片不是尖的，而是圆角的，不容易划伤手。

其次是硬质玻璃。硬质玻璃是指材质坚硬，即使在高温下也不容易熔化的玻璃，即钾玻璃和硼硅酸盐玻璃，常用于耐热玻璃餐具等。硼硅酸盐玻璃是在普通玻璃原料硅砂、纯碱和石灰石的基础之上加入硼砂而制成的坚硬且耐高温的玻璃。

紫外线可透玻璃是一种能很好透过紫外区光线的玻璃。一般的玻璃紫外线很难透过，而其中吸收紫外线的最大原因是玻璃中含有杂质铁。因此为了透过紫外线，我们就要去除它，石英玻璃就是一个很好的例子。

最后是单向玻璃，是一种从外面看不到里面的魔术般的镜子。这种玻璃的外部并不是一个完整的镜子，而是一个半反射镜，通过提高光的反射率，使外界很难看到内部。镜面玻璃还能反射夏日的阳光，防止室内温度急剧上升。

智能手机轻薄化的关键技术

大家日常使用的智能手机，在"薄、小、轻"方面不断进行创新和尝试。一般而言，电池的进步为手机的小型化和轻量化做出了巨大贡献。通常我们称能充电的电池为二次电池（充电电池），不能充电的电池叫作一次电池（普通电池）。

手机最初是安装在汽车上的，但不久之后，手机的尺寸变得更小，变成了肩挂式。那个时候的手机使用的是镍镉电池，而之后随着锂电池的出现，手机逐渐可以小型化、轻量化到现在的智能手机的尺寸。随着电池的发展，IC芯片等半导体元件的尺寸也在不断缩小，相应地，其他电子元件的尺寸、重量也在缩小，元件也更加节能。后来开发出的使触屏玻璃变薄的技术，为手机的进一步轻薄化做出了贡献。

石英表的工作原理

石英表是以由水晶制成的晶体振荡器振动的一定周期为时间基准的。当对水晶这类晶体施加压力时，原本电中性的晶体会产生应变，结果导致在一个表面产生正电，在另一个表面产生负电。这就是著名的压电效应，由居里夫人的丈夫与他哥哥发现。如果认识到存在一种效应，人们往往就会去寻找是否存在反向现象，其结果不言而喻，压电效应的反向现象被称为反向压电效应。反向压电效应是通过给水晶片的两面通电，进而引起伸长或收缩等变形的现象。这种由于晶体振子的振动产生的效应，在电脑、手机等领域十分常用。

晶体振荡器每秒振动32768次，从振动中产生每秒1次的脉冲电流，使电机旋转。在电子表中，驱动电路配合着电流脉冲，使液晶屏发光。

量子计算机

如今已经进入万物互联的物联网时代。随着5G的完善，物联网处理的数据交互将进一步推进。而传统计算机的处理能力会受到限制。因此，人们希望新的计算机能突破传统计算机的限制。目前最佳的答案就是量子计算机。其中量子计算机中的"量子"就是量子力学中的"量子"。

量子力学是为了解释原子、电子等非常小的基本粒子的运动而发展起来的理论。原子、电子、光子等微小的东西，以及超导体等可以冷却到非常低的温度的物质，都会发生一些不可思议的现象。例如：①像电子等，既可以是粒子，又可以是波；②在经典力学里，粒子并不能穿过高墙，但在量子力学的世界里，粒子可以穿过高墙，这个现象被称为量子隧穿效应。灵活地利用这种量子力学特有的物理状态制造出来的计算机，就是量子计算机。顺便说一句，虽然不是量子计算机，但2020年拥有当时世界最快计算速度的"富岳"是日本制造的一款通过使用大量CPU进行高速计算的超级计算机。

纳米技术

　　纳米技术（nanotechnology）是将物质在纳米（单位符号为nm，$1nm=10^{-9}m$）的尺度上，即原子或分子的尺度上开发新材料和器件的技术。例如，在材料领域，可以制作比钢铁强10倍并且轻得多的材料；在IT领域，可以将国家图书馆全馆的信息容纳在小的存储器里；在生物领域，通过检测几个细胞就能检查出癌症等。

碳纳米管是用石墨（碳链）的薄片卷起来的单层或多层的物质，常用于电池，可以提高其性能。

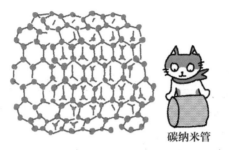

碳纳米管
于20世纪90年代初发现。其具有纳米（10^{-9}米）尺寸的空腔。

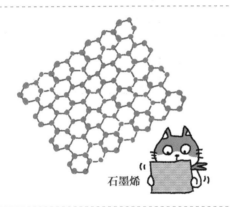

石墨烯
由单层碳原子形成的物质。这是获得2010年诺贝尔物理学奖的大发现。

足球烯
仅由碳原子组成。最早发现的C_{60}足球烯具有足球状结构。

机器人

　　机器人（Robot）是指代替人类自主进行某种工作的装置和机器。这个词是根据捷克斯洛伐克小说家卡雷尔恰佩克于1920年发表的戏剧《罗素姆的万能机器人》（*Rossum's Universal Robots*）改编而来，是结合捷克语中表示强迫劳动的词robota和斯洛伐克语中表示工人的词robotnik创造出来的。在科幻作品中，也开始出现了以人和动物为原型，能进行自主行为的智能机器人、人造人（如"铁臂阿童木"）、远程控制的机器人（如"铁人28号"）、外骨骼机器人之类人类搭乘或穿戴以增加力量的机器人（如"魔神Z"）等。

在现实世界中，除了研究用机器人、工业用机器人和军事用机器人外，主题公园和展馆的引导机器人、日本索尼发布的宠物机器人"AIBO"、双足机器人"ASIMO"、手办机器人、扫地机器人等也很热销。

在未来老龄化社会中，也希望会有像护理机器人、身体动力辅助装置等便利的机器开发出来。以上这些机器人，以及机器化的世界正在摸索中前进。其中能够自动驾驶的汽车也被认为是机器人的一种。

可以用油洗去油污

讨厌的油渍其实用油就可以清洗干净，在厨房用纸或者抹布等上面加入大量食用油，再盖在油污上放置一段时间。这是因为液体大致可以分为两种：亲水性的、与水很好适应的液体，以及亲脂性或疏水性的、与油很好适应的液体。水的化学式是H_2O，因为其中有正的H^+和负的O^{2-}的部分，所以更容易溶解电解质。但是，油脂等非电解质是不易溶解的。与之相反，油会更易溶于亲脂性的液体中。卸妆油利用的就是这个原理。

卸妆油的原理主要是其表面活性剂将皮肤或者化妆品的油污包裹，再与水混合。其中表面活性剂的每个分子都有着一面亲水、一面亲脂的特性。之后再用水就可以冲洗干净。其他的一些清洁剂利用的也是同样的道理。

不会掉的口红

　　这里主要讲的是"不会掉"的原理。不会掉色的口红也就是所谓持久口红。持久口红使用的是染料，而不是普通口红和唇彩那样的有机颜料。染料是一种具有溶解于水和乙醇等性质的着色剂，可在皮肤上溶解，渗透皮肤表面。像口红这种化妆品，只是涂在表面上，所以在吃饭等时候无论如何都会掉下来，而持久口红是因为给皮肤染色了，所以不会掉下来。要擦洗的时候则需要使用专门的清洁剂。

戈尔特斯（GORE-TEX）面料

以戈尔特斯品牌命名的多功能面料，其很多产品都是三层结构。三层中最外侧部分，使用了能防水、抗风尘的材料。最里面一层的材料，因为接近皮肤，会直接与水蒸气等接触，因此采用了透气的面料。中间层的材料也就是所谓戈尔特斯面料，具备防水与透湿的功能，有很多水蒸气能通过而水滴不能通过的小孔，这样就实现了从内侧能使水蒸气逸出（即透气）而外侧的雨、水滴等进不去（即防水）的技术。

停电

如今的社会，正常情况下是不会停电的。如果发生了停电，可能是发生了大规模灾害等特殊情况。话虽如此，但最近也能看到一些因为自然灾害引起的停电。

那么，为什么很难发生停电呢？一个原因是如今都是提前计划好所需的电能，并提前准备好更多的电。

以日本为例，日本的石油、天然气主要依赖于从国外进口。因为是用巨型油轮从中东地区运送来的，所以需要保护航行的安全，其被称为海上通道。之后，日本通过原子能发电，避免了发电量的不足，但是在经历了福岛核电站事故之后，用于火力发电的原油进口不断增加。考虑到全球变暖，如今日本正大力发展如风力发电、太阳能发电等可再生能源的利用。

如果遇到大规模地震和水灾频发的情况，一旦停电，照明、冰箱等生活家电就无法使用，电视和电脑等也不能使用，人们就会陷入无法获取信息的状态。另外，在高层建筑中，人们会有被困在电梯里的风险。在设置了储水罐和用抽水泵抽水的大楼里，会发生停水的情况，饮用水和抽水马桶也无法使用。

在日本，作为应对新型冠状病毒的对策，为了避免在避难所里"三密接触"，都会建议居家隔离。因此，今后安装太阳能发电、小型风力发电、燃料电池等发电设备，以及储存电力的蓄电池将变得比以往任何时候都重要。

薛定谔的猫

 喵！小伙伴被杀掉了！

这只是在脑海里想象的一个设立条件的实验，只是一个思想实验。

★什么是薛定谔的猫？

奥地利物理学家埃尔温·薛定谔于1935年发表的解释"物理学实际存在的量子力学描述的不完整"的思想实验（译者注：来自论文《量子力学的现状》）。把猫和放射性元素放进同一个铁盒子里，直到打开盒子的瞬间才能知道猫的生死。

在"薛定谔的猫"的实验中，1小时后原子状态的函数为：

原子的状态=发射辐射+不发射辐射

这两种状态各自的概率为50%。因此，猫的生死可以看作：

盒子中的状态=（因为辐射）猫死了+（因为没有辐射）猫活了

这两种状态各自的概率也为50%。

小猫　打开盒子确认之前，猫是否存活是不知道的，喵！

老师　生和死各自概率都为50%，这在量子力学上并不奇怪。

小猫　既可能活着，又可能死了，喵。

老师　还记得量子计算机吗？本来计算机是二进制的，其只有1或者0，但是量子计算机就不一样，它既是1也是0。薛定谔的猫就是量子世界中著名的思想实验。

第6部分

时间和宇宙

人类将走向何方?!

人们很难理解时间与空间，宇宙中也还有太多人们难以理解的东西，这些都是"今后"的课题。时间和空间都有着过于丰富的个性，这让它们成为虚无缥缈的存在，然而它们的确存在于物理学校中。让我们来了解一下它们的真面目吧。

双胞胎猫

双胞胎猫不知道什么时候开始就住在学校里了。川村老师的助手猫咪试着对它们进行了采访，结果发现其中一只猫咪好像是"去宇宙后回来的"。这似乎与相对论有关，但谜团却越来越多。

虽然是双胞胎但年龄却不一样的
地球猫和太空猫。

看来只有太空猫是去过宇宙之后回来的。
宇宙中的时间流动和地球的不一样吗？

黑洞

先生

他平时就是虚无缥缈的存在。物理学校的校园七大神秘事件之一的"消失不见的东西"，有传言说可能就是他干的。最近新闻社对其进行了独家报道，由于拍到了他的样子，他的形象才被学校里的大众所了解。

啪

什么都能吸进去的黑洞！
记者去了哪里？

有传言说他会吸入让他不舒服的人。据说对他进行独家报道的记者也非常害怕，从那之后就再也没有人见到过记者的身影。

时间

先生

他是掌管学校的课程表和日程的角色。头上有一个时钟，自身也一直都在转圈圈。一旦到了太空，时钟和转圈圈都会变慢。与地球猫和太空猫（→P.132）是好朋友。

看这里……

地球　　太空

生命体

先生

不知道什么时候、从哪里来的转校生，一直在物理学校里。总是和章鱼一样的生命体牵着手，他们的关系是主人和宠物还是两个朋友？或者是双胞胎？又或者是同一个人？没有人知道。

宇宙中一定有别的生命体存在！也许……

川村老师，请通俗易懂地教我"相对论"！

我见过这个叔叔（爱因斯坦）的脸，喵！

阿尔伯特·爱因斯坦

相对论（Theory of relativity）是狭义相对论（1905年）和广义相对论（1915年）的总称，由阿尔伯特·爱因斯坦提出。

老师 狭义相对论是在一切物理定律在所有惯性参考系中都是等价的（相对性原理）以及光速不变原理下推导出来的。根据这个理论，时间是因观测者的不同而发生改变的。也就是说，与牛顿力学所认为的时间是绝对的不同，观测者所处的位置不同会导致时间的不同。

我还有一个问题：广义相对论又是什么，喵？

广义相对论根据等效原理，将加速度产生的所谓"看得见的引力"和引力场视为"等效"，并将其推广到等加速度直线运动的空间以外的空间。

老师　在"力"世界里，我们曾谈到了离心力，这是一种"惯性力"。惯性力是物体在加速运动时，受到的与加速方向相反的力。当电梯向上加速时，电梯里的物体受到向下的惯性力。如果物体重力加速度的大小为g，质量为m的物体将会受到mg的惯性力。这与物体在地面上受到的重力大小mg相同。爱因斯坦认为，物体在电梯里受到的mg的惯性力与其受到的重力mg是等效的。无论惯性力的方向是什么，物体都会向引力进行矢量合成后的引力场的表现方向上落下。

时间在任何地方都不会改变吗？

　　世界上最快的是光速。以接近光速的速度移动的物体的时间会变慢。也就是说，在以接近光速的速度移动的宇宙飞船中，时间会缓慢流逝。此外，以接近光速的速度运动的物体的长度也会在其运动方向上收缩。

　　一个有质量的物体即使是静止的，也具有能量 $E=mc^2$。这叫作物体的静止能量。

　　现在，从与光的运动相关的方面来讲，我们已经知道光行驶的路径也可以是弯曲的。

　　在1919年观测到来自恒星的光在经过太阳附近时发生了弯曲，进而证明了这一点。这种现象被称为引力透镜效应，对于了解以黑洞为首的宇宙大尺度结构的质量分布很有帮助。另外，还有时间延缓效应，在离地面近的地方的时钟比离地面远的地方的时钟走得慢。GPS系统也是根据这种现象进行校正。

时间先生

时间

牛顿力学中的时间，也就是我们通常理解的"时间"和相对论中的时间是不一样的。在《自然哲学的数学原理》（1687年）中，空间被假定为均匀平坦的空间，在任何地方从过去到未来总是相等的。在牛顿力学中，时间在整个宇宙中是相同的。而相对论否定了这一点。

光速不变原理是指光速是恒定的。这时，从一个人居住的世界来看，在空间上的不同地点同时发生的事件，从不同的地方来看并不是同时发生的。也就是说，时间在任何地方都是不一样的。因此，我们不能将时间和空间视为是独立的，而是考虑时间和空间一体化的四维空间（时空，Spacetime）。

然而这些都只是当物体运动的速度接近于光速的情况下所考虑的。在我们日常生活中并不能达到这么快的速度，因此用常规思维来处理时间这个概念是没有问题的。

黑洞

黑洞是指一种天体，其具有极高的密度和强大的引力，因此不仅是物质，甚至连光都无法逃逸。天体是宇宙中存在的物体的总称，具体指恒星、行星、星团和星云等。在黑洞周围，在相对论下可以认为其周围的空间是扭曲的。可以从以下角度来理解这个概念。

如果你把一个沉重的物体放在一个宽大的布上，物体处就会产生凹陷，而凹陷所产生的影响就会扩散到周围。类似这种现象，黑洞所在的地方就会发生强烈的空间扭曲，经过附近的天体就会因为受到强烈引力的吸引，而最终落入其中，甚至连光线都无法逃脱。

银河系内有许多黑洞，其确切数量尚不清楚，但2019年，一个由国际项目组成的研究小组首次成功拍摄到了黑洞，引起了人们的广泛议论。

就像在物理学校拍摄到
黑洞先生一样，在现实
中，也成功地拍摄到了
他。全面了解他的那一
天会真正到来吗？

川村老师，请通俗易懂地教我"宇宙"！

好像有在进行时间旅行的猫，猫能去宇宙吗，喵？是什么样的地方呢，喵？

简单地说，宇宙就是地球之外的空间，大气层之外全都是哟。我们也不知道究竟能走出去多远。

小猫　那么，宇宙是从哪里诞生的，喵？

老师：大约在137亿年前，从大爆炸中诞生的宇宙开始迅速膨胀，在 10^{-36} s后，温度降至 10^{29} K（0℃＝273K），同时产生了夸克、光子等基本粒子。接下来宇宙进一步膨胀，在 10^{-4} s后温度降至 10^{12} K，3分钟后降至10亿K。此时，核聚变开始发生，原子核产生。38万年后降至几千K，电子和原子核开始结合产生原子。当电子被原子捕捉到时，光子开始自由运动，宇宙开始放晴。后来，原子在引力作用下开始收缩，逐渐形成了星系和恒星。

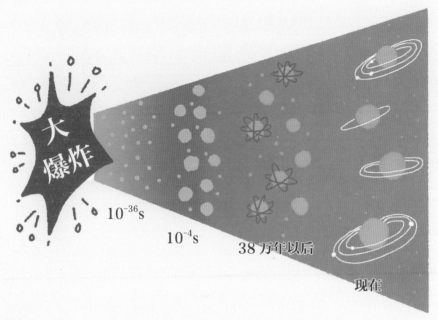

大爆炸

10^{-36}s

10^{-4}s

38万年以后

现在

宇宙中有其他小猫吗，喵？

从遇到生命的意义上说，或许会有吧。然而，恒星也是有寿命的，我们也还不知道这个宇宙之后会变成什么样子。如果能遇上外星小猫就好了。

145

对宇宙的研究

一方面，量子力学把物质分为"亚微观、微观"等来研究，对基本粒子的研究方面似乎走到了尽头。另一方面，为了研究宏观世界，对宇宙的研究也在不断进行。实际上，在宏观方面的研究也到了需要研究基本粒子的时候，因此，无论是宏观还是微观都需要研究基本粒子，最终的方向是一致的。在微观研究方面，我们把原子细分为原子核和电子，把原子核进一步细分为质子和中子，再到夸克。相反，在宏观宇宙的研究中，从大爆炸开始产生时间，随着时间的推移，产生夸克和光子，合成产生质子和中子，然后产生原子核，不久后产生原子。

存在外星人的理论概率

在地球以外的星球上，是否有可能存在生命？

有人推测，火星上可能曾经存在过生命。此外，木星的卫星——木卫二表面覆盖着冰层，而冰层下面则是海，据说有生命存在的可能性。如果有水的存在，并且某种程度的环境条件允许的话，产生生命的可能性还是很高的。不过，能产生文明的话，星球的稳定是必要的。

如果有一个由外星智慧生命组成的宇宙文明，我们要如何发现它呢？对此，在美国有一个项目试图去寻找这些外星人，其名称为"搜寻地外文明计划"（Search for Extrater-restrial Intelligence，简称为SETI）。世界上还有很多其他项目目前也正在进行中。

那么，假设还有像地球这样存在生命的星球，那么整个宇宙中大概会有多少呢？1961年，美国天文学家法兰克·德雷克提出了一个宇宙文明方程式，用来估计存在于我们银河系中，并可能与人类发生联系的外星文明数量。其数量为N的话，则N可以表示为：

$$N = R_* \times f_p \times n_e \times f_l \times f_i \times f_c \times L$$

下面是德雷克和他的同事在1961年采用的具体数值。

$R_*=10$ [个/年]（在银河系的生命中，平均每年诞生10颗恒星）

$f_p=0.5$（每一颗恒星中有一半有行星）

$n_e=2$（有行星的恒星中有2颗行星可以诞生生命）

$f_l=1$（在可能诞生生命的行星上，100%会诞生生命）

$f_i=0.01$（诞生生命的恒星中有1%诞生了智慧文明）

$f_c=0.01$（拥有智慧文明的行星有1%的可能可以进行通信）

$L=10000$年（可通信的文明持续了1万年）

将以上所有数值代入并计算可得：

$N=10×0.5×2×1×0.01×0.01×10,000=10$

因为$N>1$，这为我们探索地外智慧生命提供了强烈的动机。

也许可以和生活在宇宙中的其他生命体进行交流……一想到这些，就觉得很开心。

物理休息室 ☕⑥

希沃特

喵?！原子弹！！

虽然也有这方面应用，但这是医学等领域使用的最前沿技术。

老师 元素会有几种同位素，即相同原子序数但中子数不同。其中有的元素会发生放射性衰变，变成另一种元素，这时就会发出辐射。这种能力被称为"核辐射"。

小猫 居然有这种能力，喵。

老师 当物质发生衰变，所释放的就是放射线。正确来讲，能发出放射线的能力叫作放射性强度。

照射多长时间会对身体有害呢，喵？

★什么是希沃特？

放射性强度本来的单位是贝可，希沃特（Sv）是表示生物体暴露于放射线中所造成的生物影响（当量剂量和等效剂量）的大小的单位。放射线有α射线、β射线、γ射线等多种，同样是100贝可，对人体的影响也各不相同，因此产生了希沃特。

 老师　希沃特是为了表示这一点而产生的单位，但是由于希沃特这个单位过大，所以我们一般使用mSv（毫希沃特）和μSv（微希沃特）。

 辐射可以降到0，喵？

老师　这是不可能的。全球平均每年暴露于约 **2.4mSv（0.0024Sv=2400μSv）** 的自然辐射中。另外，拍摄胃部的X光时的辐射大概是**0.5～4mSv**，CT则是**7～20mSv（0.007～0.02Sv）**。